KB057026

고양이 수학 Ⓐ

켈리 피어슨 글 · 강미선 옮김

세상에서
가장
사랑스러운
수학책

데카 수학책방 x 서사원주니어

* <고양이 수학>은 융합수학 학습을 위해 고안된 수학 교재입니다. 여러분이 실제로 아기 고양이를 기르는 방법과 조금씩 다를 수 있답니다!

지미에게

차례

이 책에는 '수학'이 있어요!

<고양이 수학>이라는 책 제목을 보고 어떤 느낌이 들었나요?
'고양이'와 '수학'은 어울리지 않는 단어라고 생각했나요?

이 책에서 우리는 고양이들과 함께 수학을 만날 거예요. 한 가지 약속할게요.
바로, 고양이들과 함께라면 수학이 훨씬 더 재미있을 거라는 사실이에요!

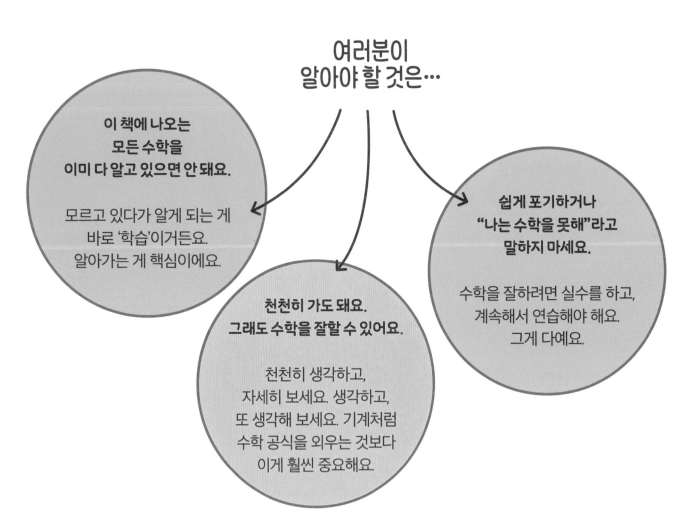

여러분이
알아야 할 것은…

이 책에 나오는
모든 수학을
이미 다 알고 있으면 안 돼요.

모르고 있다가 알게 되는 게
바로 '학습'이거든요.
알아가는 게 핵심이에요.

천천히 가도 돼요.
그래도 수학을 잘할 수 있어요.

천천히 생각하고,
자세히 보세요. 생각하고,
또 생각해 보세요. 기계처럼
수학 공식을 외우는 것보다
이게 훨씬 중요해요.

쉽게 포기하거나
"나는 수학을 못해"라고
말하지 마세요.

수학을 잘하려면 실수를 하고,
계속해서 연습해야 해요.
그게 다예요.

수학이 잘 안될 때는 어떻게 해야 할까요?

- 스스로에게 "나는 아직 이걸 몰라. 나는 배우는 중이니까."라고 말하세요.

- 시간을 가지세요. 그리고 스스로 문제를 해결할 수 있는지 보세요.

- 누군가에게 설명해 달라고 도움을 청하세요.

- <해답>을 보세요. 그리고 나서 그 답을 구할 수 있는지 알아보세요.

- 아직도 자신이 없다면, 건너뛰세요. 그리고 나중에 다시 보세요.

가장 중요한 건 '재미'예요. 고양이는 재미있게 수학을 알려 주는 최고의 친구랍니다!

[온라인 보너스 패키지]

QR코드를 찍어서 보너스 자료를 만나 보세요. 사랑스러운 아기 고양이 영상, 게임판, 그리기 등 재미있는 활동이 가득해요.(영어로 되어 있으니 번역기를 사용해도 좋아요!)

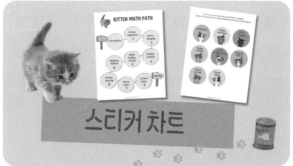

자, 이제 아기 고양이들을 만날 준비가 되었나요? 시작해 봐요!

"야옹! 야옹! 야옹!"

상상해 보세요. 여러분이 부드럽게 꼼지락거리는 아기 고양이를 손에 안고, 엄지손가락만 한 젖병으로 우유를 먹이고 있는 거예요. 누가 그런 귀여움을 참을 수 있을까요? 누구든 너무 귀여워서 기절할지도 몰라요.

그러는 동안 다른 아기 고양이 3마리가 울음소리를 내면서 작은 발톱으로 여러분의 다리를 기어오르고, 젖병을 향해 가고 있어요. 모두 여러분이 돌봐야 할 사랑스러운 고양이들이지요.

아기 고양이 키우기의 세계에 온 걸 환영해요!

여러분은 태어난 지 3주 된, 엄마 없는 아기 고양이 4마리를 지금 막 집에 데려왔어요. 이 고양이들이 다른 가정에 입양될 수 있는 나이가 될 때까지, 여러분이 건강하고 안전하게 돌봐 주고 사랑해 주어야 한답니다.

몇 시간마다 아기 고양이들에게 우유를 주는 일 외에
도 체중계로 몸무게를 재고, 장난감과 고양이 용품을
사고, 고양이 집을 꾸며 주는 등 다양한 활동을 하게
될 거예요!

비록 여러분의 고양이들은 상상 속에 있지만, 엄마 잃은 아기 고양이들을 기르고 돌
보면서 배울 수 있는 지식들은 모두 진짜랍니다.

<고양이 수학>을 모두 마치고 나면
여러분은 수학을 훨씬 더 잘할 수 있을 거예요.
아기 고양이를 어떻게 길러야 하는지도 알게 되고요!

나랑 같이
시작해 보자~

아기 고양이들이 왔어요

 아기 고양이 데려오기

"고양이를 사랑해" 게임

고양이 이름의 가격은?

"크로스 아웃 싱글" 게임

아기 고양이 데려오기

어느 날 아침, 식사를 하고 있는데 엄마의 휴대폰으로 문자가 왔어요.

엄마: 어머나, 방금 누가 동물 보호센터에 아기 고양이를 한가득 내려 주고 갔대.

   우리가 고양이를 좀 맡아 길러 줄 수 있는지 물어보네.

   몇 마리만 우리 집으로 데려올까?

나: 너무 좋아요!!!!!

엄마: 좋아, 그럼… (동물 보호센터에 문자를 보내고) 아기 고양이를 데리러 가자!

동물 보호센터에 들어가니, 여기저기에 아기 고양이들이 있어요.

보호센터 직원이 지금은 '고양이 계절'이래요. 날씨가 따뜻해지면 수천 마리의 고양이가 태어난다고 해요.

직원: 휴~ 요새 정말 난리도 아니에요. 사람들이 매일 아기 고양이를 데려오고 있답니다. 아기 고양이들은 아주 많이 보살펴 주어야 해요. 임시 보호자가 되어 주셔서 정말 감사합니다!

나: 임시 보호는 **입양**이랑 같은 건가요?

직원: 비슷하죠. 임시 보호는 고양이를 잠깐 맡아 기르는 거예요. 너무 어리거나 아파서 아직 입양을 보낼 수 없는 아기 고양이들을 돌보는 거죠. 그리고 나서 다른 집으로 입양을 보내요.

나: 그럼 저는 이제 이 고양이들의 엄마가 되는 건가요?

직원: 맞아요! 정확해요. 이 아기 고양이들의 엄마가 되어서, 엄마가 하는 일들을 하는 거예요. 음식을 먹이고, 따뜻하게 해 주고, 씻겨 주고, 볼일 보는 것도 도와주고…. 와, 저기 보세요! 직원들이 아기 고양이들을 데려오네요!

여러분은 반려동물을 키워 본 적이 있나요?

▶ '네'라면

• 여러분이 키운 동물은 무엇인가요?

(   )

• 그 동물의 이름은 무엇인가요?

(   )

▶ '아니오'라면

• 고양이를 길러 보고 싶나요?   네 | 아니오

• 그 이유도 알려 주세요.

_____

_____

자원봉사자 한 분이 아기 고양이가 가득 든 캐리어를 들고 분주하게 다가와요.

"자, 여기서 집에 데려갈 고양이를 고르시면 돼요."

"네 마리만 골라요?" 나는 엄마에게 물어요.

"그래. 딱 네 마리!"

자, 어떤 아기 고양이를 데리고 갈까요?

네 마리를 골라 번호를 쓰세요. _____ _____ _____ _____

이 아기 고양이들은 태어난 지 딱 **3주**가 되었어요. 오늘은 _____월 _____일이에요.
이 고양이들의 생일은 몇 월 며칠일까요? 달력에 날짜를 쓰면서 알아보세요.

_____월 _____일

지난 달 _____월

일	월	화	수	목	금	토

1) 지난 달 달력에 날짜를 쓰세요.
2) 이번 달 달력에 날짜를 쓰세요.
3) 오늘 날짜에 ○표해 보세요.
4) 고양이들의 생일을 찾아 ☆표해 보세요.

이번 달 _____월

일	월	화	수	목	금	토

고양이는 태어난 지 **8주**가 되어야 입양 보낼 수 있어요. 앞으로 **5주**가 남았어요. 입양 보낼 수 있는 날은 몇 월 며칠일까요?

_____월 _____일

이번 달 _____월

일	월	화	수	목	금	토

1) 이번 달 달력에 날짜를 쓰세요.

2) 오늘 날짜에 ○표해 보세요.

3) 다음 달 달력에 날짜를 쓰세요.

4) 고양이들을 입양 보낼 수 있는 날을 찾아 ♡표해 보세요.

다음 달 _____월

일	월	화	수	목	금	토

우리 아기 고양이들을 보러 친구들이 놀러 온다고 해요. 빈칸에 친구 이름을 쓰세요.

친구 이름	놀러오는 날
	오늘부터 일주일 후
	오늘부터 10일 후
	오늘부터 15일 후
	오늘부터 20일 후

오늘은 _____ 요일이에요.

첫 번째 친구 _____가 우리 집에 오는 날은 _____ 요일입니다.

두 번째 친구 _____가 우리 집에 오는 날은 _____ 요일입니다.

세 번째 친구 _____가 우리 집에 오는 날은 _____ 요일입니다.

네 번째 친구 _____가 우리 집에 오는 날은 _____ 요일입니다.

이제 여러분에게는 사랑스러운 아기 고양이 네 마리가 생겼어요!

각 고양이를 그리고 설명을 쓴 후 이름을 지어 주세요.

책 맨 뒤에 있는 고양이 카드를 오려서 붙여도 좋아요.

이름:

이름:

이름:

이름:

"고양이를 사랑해" 게임

주사위를 던져서 나온 수를 더한 만큼 고양이를 사랑해 주세요.

 준비물: 주사위 1개

1   주사위를 던져서 빈칸을 순서대로 채우세요.(두 칸은 두 자리 수예요.)

2   모든 수를 더해서 답을 구해 네모 칸에 쓰세요.

1분 동안 고양이에게 뽀뽀를 몇 번 할 수 있나요?

_____ + _____ + _____ + _____ = ☐ 번

주사위를 던져서 빈칸을 순서대로 채운 후 답을 네모 칸에 써요. 세로 식도 써 보세요.

하루에 고양이를 몇 번 꼭 껴안을 수 있나요?

_____ _____ + _____ = ☐ 번

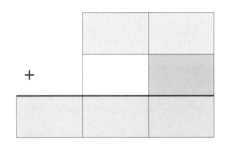

하루에 고양이는 사고를 몇 번 칠까요?

_____ _____ + _____ _____ = ☐ 번

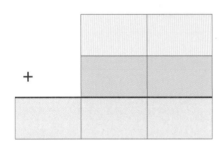

한 달에 고양이가 잠을 몇 시간 잘까요?

_____ _____ + _____ _____ + _____ _____ = ☐ 시간

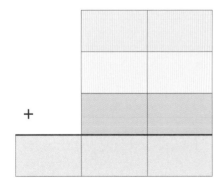

일주일에 고양이가 똥을 몇 번 쌀까요?

_____ _____ + _____ = [   ] 번

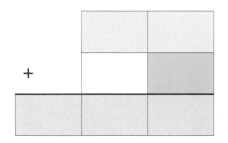

일주일에 고양이가 장난을 몇 번 칠까요?

_____ _____ + _____ _____ = [   ] 번

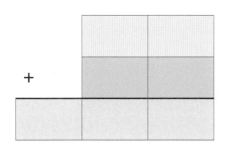

여러분만의 질문을 쓰고 답도 쓰세요.

_____

_____ _____ + _____ _____ + _____ _____ = [   ] 번

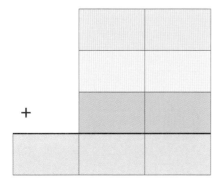

고양이 이름의 가격은?

고양이 이름으로 게임을 해 봐요! 여기 각각의 한글 자모에 해당하는 금액이 있어요.
'ㄱ'은 1달러, 'ㄴ'은 2달러… 'ㅣ'는 24달러지요.

ㄱ	ㄴ	ㄷ	ㄹ	ㅁ	ㅂ	ㅅ	ㅇ	ㅈ	ㅊ	ㅋ	ㅌ	ㅍ	ㅎ
1	2	3	4	5	6	7	8	9	10	11	12	13	14

ㅏ	ㅑ	ㅓ	ㅕ	ㅗ	ㅛ	ㅜ	ㅠ	ㅡ	ㅣ
15	16	17	18	19	20	21	22	23	24

(단위: 달러)

예를 들어 고양이 이름이 '체리'라면
이 이름의 가격은 79달러예요.

10+17+24+4+24=79

1 여러분의 아기 고양이 이름은 얼마일까요? 이름을 쓰고 계산해 보세요.(칸이 모자라면 칸을 만드세요.)

- 첫 번째 고양이 이름:

글자: ☐ + ☐ + ☐ + ☐ + ☐ + ☐

가격: ☐ + ☐ + ☐ + ☐ + ☐ + ☐

모두 더하면 _____ 달러

- 두 번째 고양이 이름:

글자: ☐ + ☐ + ☐ + ☐ + ☐ + ☐

가격: ☐ + ☐ + ☐ + ☐ + ☐ + ☐

모두 더하면 _____ 달러

- 세 번째 고양이 이름:

글자: ☐ + ☐ + ☐ + ☐ + ☐ + ☐

가격: ☐ + ☐ + ☐ + ☐ + ☐ + ☐

모두 더하면 _____ 달러

- 네 번째 고양이 이름:

글자: ☐ + ☐ + ☐ + ☐ + ☐ + ☐

가격: ☐ + ☐ + ☐ + ☐ + ☐ + ☐

모두 더하면 _____ 달러

2 네 마리 고양이의 이름을 모두 더하면 얼마인가요?   달러

3 100달러에 가장 가까운 고양이는 누구인가요?

4 여러분의 성은 얼마인가요?

글자: [ ] + [ ] + [ ] + [ ] + [ ] + [ ]

가격: [ ] + [ ] + [ ] + [ ] + [ ] + [ ]

모두 더하면 _____ 달러

5 여러분의 이름은 얼마인가요?

글자: [ ] + [ ] + [ ] + [ ] + [ ] + [ ]

가격: [ ] + [ ] + [ ] + [ ] + [ ] + [ ]

모두 더하면 _____ 달러

6 여러분 가족 중 한 사람의 성과 이름은 얼마인가요?

글자: [ ] + [ ] + [ ] + [ ] + [ ] + [ ] + [ ] + [ ]

가격: [ ] + [ ] + [ ] + [ ] + [ ] + [ ] + [ ] + [ ]

모두 더하면 _____ 달러

7 여러분이 생각할 수 있는 가장 비싼 두 글자 이름은 무엇인가요?

그 이름은 얼마인가요?   달러

한글 자모의 가격을 여러분 마음대로 바꾸어 보세요.

ㄱ	ㄴ	ㄷ	ㄹ	ㅁ	ㅂ	ㅅ	ㅇ	ㅈ	ㅊ	ㅋ	ㅌ	ㅍ	ㅎ

ㅏ	ㅑ	ㅓ	ㅕ	ㅗ	ㅛ	ㅜ	ㅠ	ㅡ	ㅣ

1 여러분의 아기 고양이 이름은 얼마일까요? 이름을 쓰고 계산해 보세요.(칸이 모자라면 칸을 만드세요.)

• 첫 번째 고양이 이름:

글자: ☐ + ☐ + ☐ + ☐ + ☐ + ☐

가격: ☐ + ☐ + ☐ + ☐ + ☐ + ☐

모두 더하면 _____ 달러

• 두 번째 고양이 이름:

글자: ☐ + ☐ + ☐ + ☐ + ☐ + ☐

가격: ☐ + ☐ + ☐ + ☐ + ☐ + ☐

모두 더하면 _____ 달러

• 세 번째 고양이 이름:

글자: ☐ + ☐ + ☐ + ☐ + ☐ + ☐

가격: ☐ + ☐ + ☐ + ☐ + ☐ + ☐

모두 더하면 _____ 달러

• 네 번째 고양이 이름:

글자: ☐ + ☐ + ☐ + ☐ + ☐ + ☐

가격: ☐ + ☐ + ☐ + ☐ + ☐ + ☐

모두 더하면 _____ 달러

2   네 마리 고양이의 이름을 모두 더하면 얼마인가요?

 달러

3   100달러에 가장 가까운 고양이는 누구인가요?

4   여러분의 성은 얼마인가요?

글자: ☐ + ☐ + ☐ + ☐ + ☐ + ☐

가격: ☐ + ☐ + ☐ + ☐ + ☐ + ☐

모두 더하면 _____ 달러

5 여러분의 이름은 얼마인가요?

글자: ☐ + ☐ + ☐ + ☐ + ☐ + ☐

가격: ☐ + ☐ + ☐ + ☐ + ☐ + ☐

모두 더하면 _____ 달러

6 여러분 가족 중 한 사람의 성과 이름은 얼마인가요?

글자: ☐ + ☐ + ☐ + ☐ + ☐ + ☐ + ☐ + ☐ + ☐

가격: ☐ + ☐ + ☐ + ☐ + ☐ + ☐ + ☐ + ☐ + ☐

모두 더하면 _____ 달러

7 여러분이 생각할 수 있는 가장 비싼 두 글자 이름은 무엇인가요?

☐

그 이름은 얼마인가요? ☐ 달러

"크로스 아웃 싱글" 게임

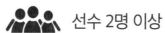 선수 2명 이상

 주사위 1개, 게임판(부록 74쪽)

STEP1 게임판 준비하기

1 한 사람당 게임판을 1개씩 복사하거나 그려서 준비해요.

2 주사위를 굴려요.

3 나온 숫자를 게임판에 써요.

4 빈칸이 다 채워질 때까지 9번을 굴려서 숫자를 써요.

6		4	◯
5	3		◯
	3	2	◯
◯	◯	◯	

STEP2 덧셈하기

5 가로줄에 있는 숫자를 모두 더해 동그라미 안에 써요.

6 세로줄에 있는 숫자를 모두 더해 동그라미 안에 써요.

7 대각선에 있는 숫자를 모두 더해 동그라미 안에 써요.

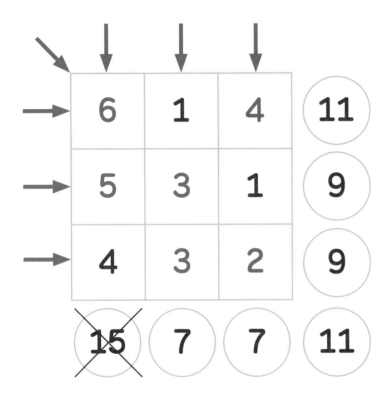

STEP3 점수 내기

8 동그라미에 쓴 숫자 중 똑같은 것을 찾아요.

9 한 번만 나온 숫자는 지워요.

10 남아 있는 동그라미에 있는 숫자를 모두 더한

최종 점수가 가장 높은 사람이 이겨요.

$$
\begin{array}{r}
7 \\
7 \\
9 \\
9 \\
11 \\
+\ 11 \\
\hline
54
\end{array}
$$

고양이 용품을 쇼핑해요

아기 고양이에게 필요한 것은?

메모를 잘 읽고, 아기 고양이에게 필요한 물건과 정답을 찾아 이어 보세요.

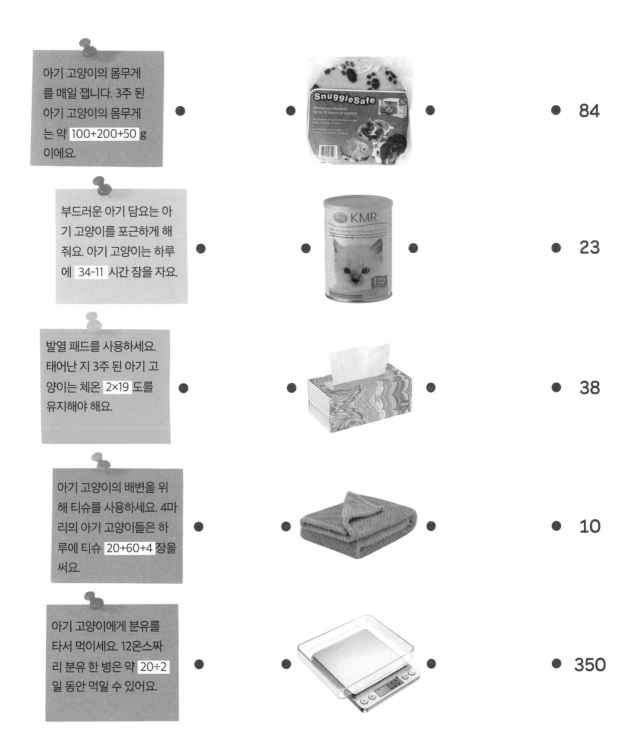

아기 고양이의 몸무게를 매일 잽니다. 3주 된 아기 고양이의 몸무게는 약 100+200+50 g 이에요.

84

부드러운 아기 담요는 아기 고양이를 포근하게 해 줘요. 아기 고양이는 하루에 34-11 시간 잠을 자요.

23

발열 패드를 사용하세요. 태어난 지 3주 된 아기 고양이는 체온 2×19 도를 유지해야 해요.

38

아기 고양이의 배변을 위해 티슈를 사용하세요. 4마리의 아기 고양이들은 하루에 티슈 20+60+4 장을 써요.

10

아기 고양이에게 분유를 타서 먹이세요. 12온스짜리 분유 한 병은 약 20÷2 일 동안 먹일 수 있어요.

350

응가 퀴즈

작은 아기 고양이들은 스스로 똥을 쌀 수 없어요. 아기 고양이들에게 진짜 엄마가 있었다면, 엄마가 엉덩이를 핥아서 똥이 나오게 해 주었을 거예요. 하지만 지금은 여러분이 이 아기 고양이들의 엄마예요!

아기 고양이들이 오줌과 똥을 쌀 수 있도록, 여러분이 몇 시간마다 고양이들의 엉덩이를 티슈나 물수건으로 닦아 주어야 해요. 고양이들이 지저분해지기 전에 말이죠!

지저분함의 3단계와 각각을 치우는 데 필요한 용품의 개수예요.

레벨1	오줌	티슈 3장, 물티슈 1장
레벨2	작은 똥	티슈 3장, 물티슈 2장
레벨3	크고 지저분한 똥	티슈 3장, 물티슈 4장, 세면대에서 엉덩이를 닦을 때 쓸 수건 1장

위 표를 보고, 각각 필요한 개수를 써 보세요.

	티슈	물티슈	수건
오줌			
작은 똥			
큰 똥			

만약 아기 고양이 팅클이 하루에 오줌을 **6번** 누고, 작은 똥을 **1개** 싸고, 크고 지저분한 똥을 **1개** 쌌다면, 팅클은 하루 동안 티슈, 물티슈, 수건을 얼마나 썼을까요?

	팅클	티슈	물티슈	수건
오줌	_____번			
작은 똥	_____번			
큰 똥	_____번			
합계	_____번			

티슈 _____장, 물티슈 _____장, 수건 _____장을 썼어요.

오늘 여러분의 네 마리 아기 고양이들이 모두 팅클처럼 오줌을 싸고 똥을 누었어요.

	티슈	물티슈	수건
팅클	_____장	_____장	_____장
고양이 4마리	×	×	×

그렇다면 여러분은 티슈 _____장, 물티슈 _____장, 수건 _____장을 써야 해요.

아기 고양이들을 닦아 줄 때는 아기용 얇고 부드러운 수건을 사용하면 좋아요. 네 마리의 아기 고양이를 키울 때 이 수건이 일주일에 몇 장 필요할까요?

고양이들이 그 위에 오줌이나 똥을 싸는 데 **10장**

엉덩이를 닦아 준 후 말리는 데 **8장**

젖병으로 우유를 먹이다가 흘린 것을 닦는 데 **5장**

지저분해진 울타리를 닦는 데 **3장**

식:

_____장

일주일 동안 총 몇 장의 수건을 빨아야 할지 알아봐요.

만약 수건이 4장밖에 없고, 한번에 4장씩 빤다면?

일주일에 빨래를 _____번은 해야 해요.

만약 수건이 7장 있고, 한번에 7장씩 빤다면?

일주일에 빨래를 _____번은 해야 해요.

아기 고양이에게 필요한 물건을 쇼핑하러 갈 때, 수건을 몇 장 사는 게 좋을까요?

_____장

이유가 무엇인가요? _____

돈은 넉넉할까?

아기 고양이들을 위해 쇼핑을 하러 갈 시간이 다가오고 있어요.
그 전에, 알아 두면 계산할 때 편리한 방법을 알아봐요.

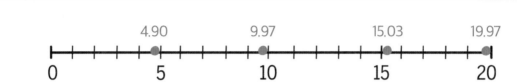

4.90달러는 5.00달러에 가까워요. 이럴 때는 더하기 쉽도록 5달러로 **반올림**할 수 있어요. 아주 정확한 금액이 필요한 게 아니라면, 이렇게 어림을 해서 계산하기 쉬운 수로 바꾸면 편해요.

9.97달러는 약 _____ 달러   19.97달러는 약 _____ 달러

더 작은 수로 반올림할 수도 있어요.   15.03달러는 약 _____ 달러

수를 수직선에 표시한 후, 1달러 단위로 반올림해 보세요.

14.99 달러 ➜ _____ 달러

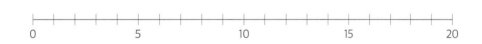

9.50 달러 ➜ _____ 달러

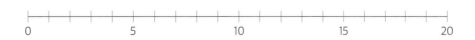

19.15 달러 ➜ _____ 달러

8.99 달러 ➜ _____ 달러

13.47 달러 ➜ _____ 달러

7.30 달러 ➜ _____ 달러

5.95 달러 ➜ _____ 달러

17.90 달러 ➜ _____ 달러

왜 많은 물건 가격이 0.99로 끝날까요?

_____

아기 고양이 용품 쇼핑하기

고양이 침대를 잊으면 안 돼!

다음 장으로 넘기면 고양이 용품 가게의 카탈로그가 있어요. 아기 고양이들을 위한 물건을 골라, 아래 표에 각 물건의 이름과 가격, 총 금액을 쓰세요.

여러분이 가진 돈은 **250달러**예요. 가능한 한 전부 사용하세요!(부록 75쪽의 소수 계산용 모눈을 활용해서 계산하세요.)

(단위: 달러)

물건 이름	가격	개수	금액
		합계	

왜 이 물건들을 골랐나요?

_____

[냥이 사랑 ♥ 펫 스토어 카탈로그]

부드러운 동굴 고양이 침대

아주 두터운 털로 만든 침대예요. 고양이가 안전하고 아늑하다고 느낄 수 있어요. 세탁기로 빨 수 있답니다.

23.32달러

폭신폭신 라운드 고양이 침대

보드랍고 동그란 아기 고양이용 침대입니다. 크기는 작아요.

20.98달러

고양이 동굴

숨고, 자고, 놀 수 있는 친환경 고양이 침대입니다. 청소하기도 쉬워요.

14.99달러

엄마와 아기 고양이 침대

뒷면이 높고 푹신해서 고양이가 안정감을 느끼게 해 줍니다. 세탁기로 빨 수 있어요.

16.43달러

고양이 입 침대

부드럽고 재미있게 생긴 귀여운 벨벳 침대입니다. 안에 들어있는 쿠션은 세탁기로 빨 수 있어요.

24.98달러

발열 패드

이 패드는 최대 10시간 동안 따뜻해요. 전자레인지에 데워서 사용하면 됩니다.

25.99달러

고양이 무늬 담요

사랑스러운 아기 고양이 무늬가 있는 보드라운 분홍색 아기 담요입니다.

7.20달러

동물원 무늬 담요

매우 부드러운 플리스 재질에 뒷면은 뽀글이로 되어 있는 아기 담요입니다.

12.99달러

보들보들 핑크 담요

따뜻한 밍크 담요로 뒷면은 뽀글이로 되어 있습니다.

9.90달러

폭신 곰돌이 담요

뒷면에 회색 도트가 있는 아주 부드럽고 폭신한 담요입니다. 귀여운 곰 무늬가 그려져 있어요.

9.90달러

울트라 소프트 담요

아기를 위한 폭신푹신한 털 담요예요. 포근하고 가볍습니다.

18.99달러

부드러운 수건 세트

부드럽고 얇은 면 100% 수건입니다. 우유를 줄 때 알맞은 크기입니다. 7개 세트.

9.99달러

그릇 저울

무게를 재는 그릇을 붙였다 뗄 수 있어요. 가로 길이 18센티미터.

13.78달러

전자 저울

정확히 무게를 잴 수 있습니다. 가로 길이 15센티미터.

9.75달러

보들보들 수건 세트

고양이를 감싸기 딱 좋은 부드러운 수건입니다. 4개 세트.

7.50달러

보송보송 수건 세트

먹이를 주거나 고양이를 감싸 줄 때 쓰기 좋은 수건입니다. 4개 세트.

7.99달러

미라클 젖꼭지

아기 고양이가 물거나 삼킬 수 없는 유일한 젖꼭지입니다. 모든 젖병과 주사기에 딱 맞아요.

14.49달러

고양이용 젖병

젖꼭지가 달린 50그램짜리 젖병입니다. 2개 세트.

3.99달러

젖병 키트

50그램짜리 젖병 하나와 젖병 클리너, 젖꼭지가 들어 있습니다.

2.99달러

나무늘보 인형

누르면 구르릉 소리가 납니다. 고양이를 진정시켜 줘요

16.49달러

엄마 고양이 인형

진짜 심장 소리가 들려서 엄마 고양이와 함께 있는 느낌을 줘요. 고양이의 울음과 외로움을 달래줄 거예요.

39.95달러

부릉부릉 베개

누르면 부릉부릉 소리가 2분 동안 나는 부드럽고 포근한 장난감입니다.

5.93달러

무향 물티슈

향이나 색소가 첨가되지 않아 안전하고 순한 고양이용 물티슈입니다. 480장.

12.49달러

녹는 물티슈

부드럽게 닦입니다. 생분해성으로 고양이와 환경에 안전합니다.

9.84달러

고양이 놀이터

태어난 지 2~6주 된 고양이를 위한 안전한 생활 공간입니다. 최대 6마리가 들어갈 수 있습니다.

28.97달러

꿀벌 샴푸

순한 아기용 샴푸로 천연 성분, 무향이라 고양이에게 안전합니다.

8.99달러

클리넥스 티슈(대형)

매우 부드러운 티슈 8팩. 한 팩당 티슈 120장이 들어 있어요.

12.35달러

클리넥스 티슈(소형)

매우 부드러운 티슈 4팩. 한 팩당 티슈 65장이 들어 있어요.

5.97달러

알록달록 캣타워

폭신한 공이 달려 있는 아기 고양이용 캣타워입니다.

80.40달러

숨바꼭질 장난감

엿보기 구멍이 있고 주름진 바닥에 여러 인형이 매달려 있는 아주 재미있는 장난감입니다.

10.00달러

고양이 캐리어

어깨 끈과 주머니가 달려 있고, 부드러운 면으로 만든 고양이 운반용 캐리어 입니다.

19.90달러

종이 캐리어

조립하기 쉽고 한 번 사용하기 좋은 일회용 캐리어입니다.

2.50달러

화폐로 십진법 이해하기

'6달러 17센트'는 6.17달러라고 쓸 수 있어요.
십진법을 이용해서 쓴 것이지요. 이게 무슨 뜻일까요?

미국의 화폐 단위에는 달러, 다임, 센트 등이 있어요.

1달러	=	10다임	=	100센트

1센트가 **10개** 있으면 **1다임**이에요.
1다임이 **10개** 있으면 **1달러**예요.
1센트가 **100개** 있으면 **1달러**예요.

십진법을 이용하여 달러, 다임, 센트를 각각 다음과 같은 자리에 써요.

달러		다임	센트
	소수점		
일의 자리		0.1의 자리	0.01의 자리

6.17달러는 6달러, 1다임, 그리고 7센트와 같아요.

4.35달러는 4달러, 3다임, 그리고 5센트와 같아요.

0.59달러는 0달러, 5다임, 그리고 9센트와 같아요.

1.02달러는 1달러, 0다임, 그리고 2센트와 같아요.

5.24달러는 _____ 달러, _____ 다임, _____ 센트를 나타내요.

9.4달러는 _____ 달러, _____ 다임, _____ 센트를 나타내요.

9.40달러는 _____ 달러, _____ 다임, _____ 센트를 나타내요.

잠깐! 여기서 눈치챘나요?

만약 **"13.5랑 13.50은 똑같아."**라고 말하는 친구가 있다면, 이 말은 맞을까요, 틀릴까요?

맞다 | 틀리다

그 이유는 무엇인가요?

_____

이번에는 몸무게가 더 많이 나가는 고양이를 찾아보세요.
(1온스는 약 28그램이랍니다.)

15.3온스

15.18온스

두 수를 수직선에 표시한 후, 더 큰 수에 체크하세요.

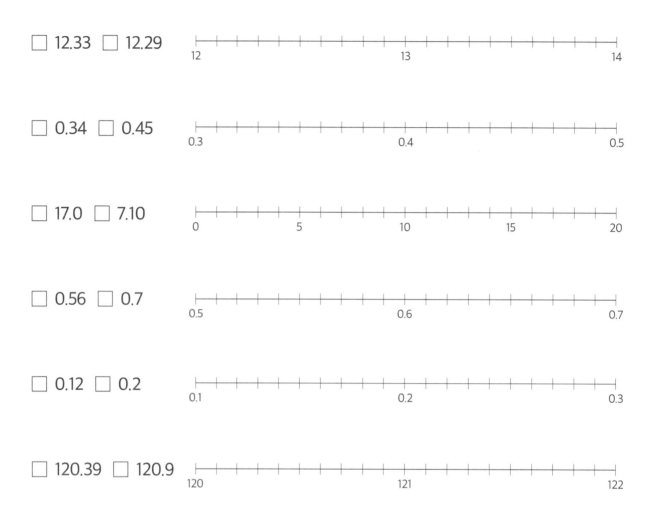

☐ 12.33 ☐ 12.29

☐ 0.34 ☐ 0.45

☐ 17.0 ☐ 7.10

☐ 0.56 ☐ 0.7

☐ 0.12 ☐ 0.2

☐ 120.39 ☐ 120.9

다음 두 수직선은 연결되어 있어요. 두 번째 수직선은 첫 번째 수직선에서 0.5와 0.6 사이를 크게 그린 것이지요. 첫 번째 수직선은 다임을, 두 번째 수직선은 센트를 나타내요. 0.5와 0.6 사이에 있는 작은 선들은 무엇일지 생각해 보세요.

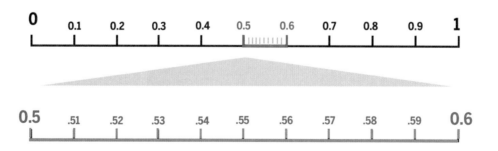

아래 질문에 답하세요. 만약 답을 잘 모르겠다면 수직선을 그려서 알아봐요.

 플러프는 하루에 몸무게가
0.59온스 늘었어요.

 사스는 하루에 몸무게가
0.9온스 늘었어요.

하루에 몸무게가 더 많이 늘어난 고양이는 _____입니다.

사스는 1온스의 반보다 살이 더   많이 | 적게   쪘습니다.

플러프는 1온스보다 살이 더   많이 | 적게   쪘습니다.

플러프의 형 플로피는 살이 0.5온스보다는 더 쪘지만, 1온스보다는 적게 쪘어요.
플로피는 얼마나 쪘을까요?

_____온스

사스의 언니 스펑키는 살이 0.9온스보다는 더 쪘지만 1온스보다는 적게 쪘어요.
스펑키는 얼마나 쪘을까요?

_____온스

"어림하기" 게임

 2명

✓ 게임판, 주사위 3개, 색연필

준비하기

1 76쪽의 게임판을 복사하거나 그려서 준비해요.

2 각자 다른 색깔의 색연필을 준비해요.

1	2	3	4	5	6	7
11	12	13	14	15	16	17
21	22	23	24	25	26	27
31	32	33	34	35	36	37
41	42	43	44	45	46	47
51	52	53	54	55	56	57
61	62	63	64	65	66	67

게임하기

3 주사위 3개를 던지세요. 세 개의 숫자가 나와요.

4 세 숫자로 소수를 만들어요.

예) 0.156, 0.165, 0.615, 6.51, 15.6, 61.5, 0.651… 등

5 소수를 자연수로 어림해요.

예) 0.156을 어림하면 2   6.51을 어림하면 7   56.1을 어림하면 56

6 게임판에서 그 수를 찾아 ○표 해요.

7 돌아가며 계속해요.

8 4개의 숫자를 연이어 자기 색깔로 만들면 이겨요.

1	2	③	4	5	6	7
11	12	13	14	15	⑯	17
㉑	㉒	23	24	25	㉖	27
31	32	㉝	34	35	㊱	37
41	42	43	㊹	45	㊻	47
51	52	㊿	54	55	56	57
61	62	63	64	65	66	67

먹이 시간표를 만들어요

 아기 고양이는 하루에 몇 번 먹을까?

먹이 시간표 짜기

고양이 먹이 주기 퀴즈

"단축 수업" 게임

아기 고양이는 하루에 몇 번 먹을까?

"엄마, 고양이들이 또 배고파 해요. 고양이는 하루에 밥을 몇 번 먹는 거예요?"

엄마도 잘 모르시나 봐요. 보호센터 직원 애나벨에게 이메일을 보냈더니 답장이 왔어요.

받는사람   아기 고양이 주인

제목   답장) 고양이에 대한 질문이 있어요.

보낸사람   애나벨

안녕하세요? 우리 고양이들에게 하루에 우유를 몇 번 줘야 하는지 알려주실 수 있나요? 저도 잘 모르겠고 엄마도 정확히 모르시는 것 같아요. 감사합니다!

좋은 질문이에요!

3주 된 아기 고양이는 4시간마다 먹어야 해요. 한밤중에도요.(아마 보내신 분이 가족들과 같이 해야 할 거예요)

아기 고양이들의 배는 아주 작아서 하루에도 여러 번 먹이를 줘야 한답니다. 제때 먹이지 않으면 고양이 몸무게가 줄어들고, 아기 고양이들의 건강이 매우 위험해질 거예요..

고양이들은 자라면서 한 끼에 먹는 양이 많아져요. 그 때는 이렇게 자주 밥을 주지 않아도 돼요.

먹이 주기에 도움이 될 표를 같이 보내 드릴게요. 행운을 빌어요. 또 궁금한 게 있으시면 언제든지 연락하세요!

- 애나벨

나이	몸무게	한끼에 먹는 양	시간표
1주	150g	6mL	2시간마다
2주	250g	10mL	3시간마다
3주	350g	14mL	4시간마다
4주	450g	18mL	5시간마다
5주	550g	22mL	6시간마다

애나벨의 이메일에서 알게 된 가장 중요한 것은 무엇인가요?

_____

더 궁금한 것이 있나요?

_____

애나벨이 보내 준 표를 좀 더 자세히 볼까요?

나이	몸무게	한끼에 먹는 양	시간표
1주	150g	6mL	2시간마다
2주	250g	10mL	3시간마다
3주	350g	14mL	4시간마다
4주	450g	18mL	5시간마다
5주	550g	22mL	6시간마다

3주 된 아기 고양이는 얼마나 자주 먹이를 먹나요?

_____시간마다

3주 된 아기 고양이는 한 끼에 얼만큼씩 먹나요?

_____mL

3주 된 아기 고양이는 하루에 몇 번 먹이를 먹나요?

(힌트: 하루는 24시간이에요)

_____번

'mL'는 어떻게 읽을까요?

☐ 밀리페드   ☐ 밀리오네어   ☐ 밀리쉐이크   ☐ 밀리리터

여러분은 3주 된 고양이를 돌보고 있어요. 친구는 4주 된 고양이를 기르고 있어요.
어떤 고양이가 하루에 더 여러 번 먹어야 하나요?

_____된 고양이

3주 된 아기 고양이는 하루에 얼마나 먹어야 할까요?

_____ mL

고양이들의 몸무게가 써 있는 줄을 보세요. 어떤 규칙이 보이나요?

_____

먹이의 양이 써 있는 줄을 보세요. 어떤 규칙이 보이나요?

_____

왜 고양이들이 자라면서 하루에 먹이를 먹는 횟수가 줄어들까요?

_____

_____

먹이 시간표 짜기

먹이 시간표는 여러분이 아기 고양이에게 하루에 몇 번 먹이를 주어야 하는지 알려 주는 표예요. 고양이는 자랄수록 하루에 먹는 횟수가 줄어들고, 한번에 먹는 양은 많아져요.

질문에 답하고 아래의 먹이 시간표를 만들어 보세요.

1 여러분은 아침 몇 시에 일어나나요?   _____시

2 아래 표의 제일 첫 줄에 여러분이 일어나는 시각을 쓰세요. 그리고 나서 그 때부터 먹이 줄 시간을 정해 보세요.

3 여러분이 학교에 있거나 잠을 잘 때 누가 고양이들에게 먹이를 주어야 할지 생각해 보고, 표에 쓰세요.

<3주 된 고양이 먹이 시간표>

3주 된 우리 고양이들은 4시간마다 먹어야 해. 우리 배는 아주 작거든!

오전/오후	시간	먹이 주는 사람

3주 된 고양이는 4시간마다 먹어요. 하루에 총 _____번을 먹지요.

<4주 된 고양이 먹이 시간표>

오전/오후	시간	먹이 주는 사람

4주 된 고양이는 5시간마다 먹어요. 하루는 24시간입니다.

고양이에게 먹이를 줄 때 가장 어려운 점은 무엇인가요?

24시간					= 하루
5시간	5시간	5시간	5시간	5시간	= 25시간

<5주 된 고양이 먹이 시간표>

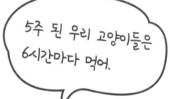

오전/오후	시간	먹이 주는 사람

5주 된 고양이는 하루에 총 _____번 먹어요.

3주 된 고양이에게 먹이를 주는 시각은 매일 똑같은가요?

똑같다 | 다르다

4주 된 고양이에게 월요일 오전 7시에 밥을 주었어요. 1주일 간의 먹이 시간표를 써 보세요.

요일	월	화	수	목	금	토	일
시각	오전 7시						

다시 오전 7시에 먹이를 주게 되는 날은 언제인가요?

_____요일

고양이 먹이 주기 퀴즈

1주 된 아기 고양이는 2시간마다 먹습니다.

플러퍼너터가 오후 5시에 먹으면 오후 _____시와
오후 _____시에 또 먹어야 해요.

2주 된 아기 고양이는 3시간마다 먹습니다.

새미가 오후 12시에 먹었다면, 오후 _____시와
오후 _____시에 또 먹어야 해요.

3주 된 아기 고양이는 4시간마다 먹습니다.

밀리가 아침 9시에 먹으면 오후 _____시와
오후 _____시에 밥이 필요할 거예요.

생후 4주 된 아기 고양이는 5시간마다 먹습니다.

젤리빈이 오후 3시에 먹으면 오후 _____시와
오전 _____시에 또 먹어야 해요.

[고양이랑 놀아 주기]

▶ 바쁜 하루가 지나갔어요. 이제 여러분은 잠자기 전에 딱 1시간 동안 자유 시간이 생겼어요. 1시간은 몇 분일까요?

_____분

여러분은 이 시간 안에 두 마리의 고양이들과 똑같은 시간 동안 놀아 줄 거예요.
고양이들과 각각 어떤 놀이를 할 건가요?

_____ , _____

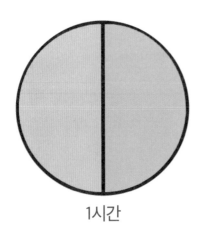

1시간

하나의 놀이를 몇 분 동안 할까요?

_____분

다음 날, 여러분은 자유 시간 1시간 동안 4가지의 재미있는 고양이 놀이를 하기로 했어요.
어떤 놀이들을 할 건가요?

_____ , _____

_____ , _____

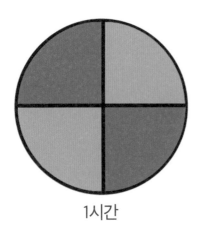

1시간

하나의 놀이를 몇 분 동안 할까요?

_____분

▶ 토요일이에요. 사랑스러운 고양이들이랑 오래 놀아 줄 시간이 별로 없어요.
그래서 여러분은 5분에 한 번씩 고양이들을 살짝살짝 들여다보기로 했어요!

1시간에 몇 번 들여다볼 수 있을까요?

_____번

▶ 일요일이에요. 오늘은 8시간에 한 번씩 고양이들과 놀아 줄 수 있어요.

하루에 몇 번이나 놀아 줄 수 있나요?

_____번

한 번 놀아 줄 때 10분씩 놀아 줄 수 있어요. 그렇다면 하루에 고양이들과 놀아 줄 수 있는 시간은 총 몇 분인가요?

_____분

"단축 수업" 게임

이 게임은 학교 수업 시간을 단축할 수 있는 마법의 힘을 줘요.
더 빨리 고양이들을 보러 집에 갈 수 있어요!

 2~4명

 게임판(부록 77쪽), 주사위 1개, 시계

놀이 순서

1 주사위를 굴려서 나온 숫자를 게임판에 써요.

2 그 수에 10을 곱한 후 게임판에 써요.

3 나온 수만큼 앞으로 갈 수 있어요.

  예) 주사위를 굴려 6이 나왔어요. 6 × 10 = 60

60분 앞으로 갈 수 있어요.

4 오전 9시에 2번에서 나온 숫자를 더해 다음 줄에 써요.

예) 오전 9시 + 60분 = 오전 10시

5 가장 먼저 3시 30분에 도착하는 사람이 이겨요.

6 모두가 고양이를 보러 집에 갈 수 있을 때까지 계속해요!

고양이에게 우유를 줘요

 아기 고양이에게 우유 먹이는 방법

고양이들이 충분히 먹고 있을까?

"유클리드" 게임

아기 고양이에게 우유 먹이는 방법

고양이 캐리어 안에서 포스트잇 두 장을 찾았어요! 동물 보호센터 직원 애나벨이 써서 넣어 둔 거예요.

고양이 등을 바닥에 댄 채로
우유를 주지 마세요.
큰일 나요! 엄마 고양이 젖을
먹을 때처럼 배를 바닥에
대고 엎드린 상태로 먹이세요.

일반 우유는 고양이
건강에 나빠요.
고양이 전용 분유를 물과
1:2의 비율로 섞어서 주세요.

이 중 어떤 것이 아기 고양이에게 우유를 먹이는 올바른 자세인가요?

☐ 바른 자세
☐ 틀린 자세

☐ 바른 자세
☐ 틀린 자세

☐ 바른 자세
☐ 틀린 자세

☐ 바른 자세
☐ 틀린 자세

☐ 바른 자세
☐ 틀린 자세

[고양이 우유 타기]

포스트잇에는 아기 고양이 분유를 물과 **1:2** 비로 섞으라고 쓰여 있었어요. 이게 무슨 뜻일까요?

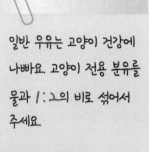

일반 우유는 고양이 건강에 나빠요. 고양이 전용 분유를 물과 1:2의 비로 섞어서 주세요.

'비'는 수들 사이의 특별한 관계, 즉 규칙을 말해요.
아기 고양이 분유를 타는 규칙을 찾을 수 있나요?

비는 1대 2야.
분유 1스푼에
물 2스푼이지.

분유 **1**스푼   물 **2**스푼

분유 **2**스푼   물 **4**스푼

분유 **3**스푼   물 **6**스푼

분유 **1**스푼에 물을 얼마나 섞어야 할까요?　　　　　　　＿＿＿＿＿＿＿ 스푼

분유 **6**스푼에 물을 얼마나 섞어야 할까요?　　　　　　　＿＿＿＿＿＿＿ 스푼

물 **4**스푼에 분유를 얼마나 섞어야 할까요?　　　　　　　＿＿＿＿＿＿＿ 스푼

물 **8**스푼에 분유를 얼마나 섞어야 할까요?　　　　　　　＿＿＿＿＿＿＿ 스푼

[먹이 퍼즐]

1   고양이가 좀 더 자라면 습식 사료(젖은 먹이)를 먹어요. 여러분의 친구 사만다는 많이 자란 고양이들을 키우고 있어요. 사만다는 고양이 한 마리당 사료를 2스푼 씩 줘요.

고양이 한 마리   사료 2스푼   비는 "1 대 2"

고양이 한 마리당 사료 2스푼을 먹으면, 비는 **"1 대 2"**라고 말할 수 있어요.

1:2의 비로 먹는다면, **4**마리의 고양이는 사료를 총 몇 스푼 먹을까요?

_____ 스푼

1:2의 비로 먹는다면, **6**마리의 고양이는 사료를 총 몇 스푼 먹을까요?

_____ 스푼

2 일주일 후, 사만다네 고양이는 더 자라서 사료도 더 많이 먹어요. 이제 고양이 한 마리당 사료를 **3**스푼씩 줘요.

고양이 한 마리   사료 3스푼   비는 **"1 대 3"**

1:3의 비로 먹는다면, **4**마리의 고양이는 사료를 총 몇 스푼 먹을까요?

_____ 스푼

1:3의 비로 먹는다면, **5**마리의 고양이는 사료를 총 몇 스푼 먹을까요?

_____ 스푼

고양이들이 충분히 먹고 있을까?

야옹! 야옹! 야옹!
배고픈 고양이 네 마리가 먹이를 달라고 보채고 있어요

여러분은 젖병 하나에 우유를 가득 담아 여러 고양이에게 나눠 주고 싶어요. 첫 번째 고양이에게 젖병을 물리고, 그 다음 두 번째 고양이, 세 번째 고양이…

그런데 잠시만요! 첫번째 고양이가 우유를 얼마나 먹었을까요? 충분히 먹었을까요? 다른 고양이들이 이 고양이보다 더 많이 먹는 건 아닐까요?

고양이들이 얼마나 먹었는지 알아내는 방법 중 하나는, 젖병을 보는 거예요.
(고양이 몸무게를 재는 방법도 있어요. 이건 나중에 해 봐요!)
고양이들이 충분히 먹고 있는지 알아보기 전에, 고양이 젖병을 먼저 살펴봐요.

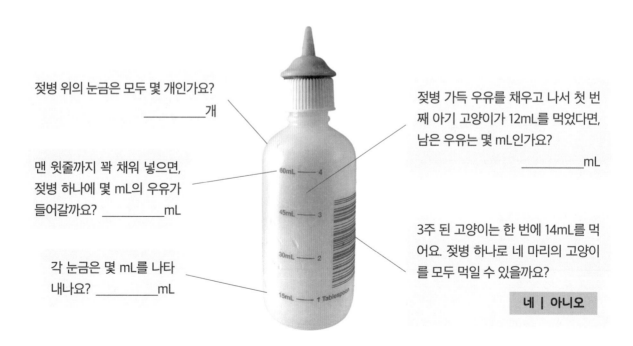

젖병 위의 눈금은 모두 몇 개인가요?
_____ 개

맨 윗줄까지 꽉 채워 넣으면,
젖병 하나에 몇 mL의 우유가
들어갈까요? _____mL

각 눈금은 몇 mL를 나타
내나요? _____mL

젖병 가득 우유를 채우고 나서 첫 번
째 아기 고양이가 12mL를 먹었다면,
남은 우유는 몇 mL인가요?
_____mL

3주 된 고양이는 한 번에 14mL를 먹
어요. 젖병 하나로 네 마리의 고양이
를 모두 먹일 수 있을까요?

네 | 아니오

A	B	C	D	E
젖병에 우유를 60mL 채워 첫 번째 고양이에게 줬어요.	첫 번째 고양이가 다 먹고 두 번째 고양이가 먹기 시작했어요.	두 번째 고양이가 다 먹고 세 번째 고양이가 먹기 시작했어요.	세 번째 고양이가 다 먹고 네 번째 고양이가 먹기 시작했어요.	네 번째 고양이가 우유를 다 먹었어요.

60mL	40mL	28mL	14mL	0mL

3주 된 고양이는 한 번에 약 14mL씩 먹어.

첫 번째 고양이가 먹은 양은 얼마일까요? _____mL

두 번째 고양이가 먹은 양은 얼마일까요? _____mL

세 번째 고양이가 먹은 양은 얼마일까요? _____mL

네 번째 고양이가 먹은 양은 얼마일까요? _____mL

가장 적게 먹은 고양이는 누구일까요?

_____ 번째 고양이

가장 많이 먹은 고양이는 누구일까요?

_____ 번째 고양이

여러분의 고양이는 한 번에 약 **14mL**씩 먹어야 해요. 고양이들이 충분히 먹었나요?

네 | 아니오

그 이유를 설명해 보세요.

_____

_____

"유클리드" 게임

👥👥 2명

✓ 게임판(부록 78쪽)

준비하기

1   시작하는 사람이 게임판의 아무 수를 골라 ○표 해요. 예 **21, 26**

2   다음 사람은 그 수의 두 배나 절반이 아닌 다른 수에 ○표 해요. 예 **10, 30**

게임하기

3   ○표 한 숫자 두 개 중 큰 수에서
    작은 수를 빼요. 예 **26-21**

1	2	3	4	⑤	6	7	8	9	10
11	12	13	14	15	16	17	18	19	20
㉑	22	23	24	25	㉖	27	28	29	30
31	32	33	34	35	36	37	38	39	40

26 – 21 = 5

4   정답에 ○표 해요. 예 **5**

5   ○표 한 숫자끼리 뺄셈을 계속해요.

6   마지막으로 ○표 할 수 있는 사람이 이겨요.

①	2	3	4	⑤	⑥	7	8	9	⑩
⑪	12	13	14	15	⑯	17	18	19	20
㉑	22	23	24	㉕	㉖	27	28	29	30
31	32	33	34	35	36	37	38	39	40

[나만의 고양이 문제 만들기]

아기 고양이 문제를 만들어 보세요.

문제 1

답을 쓰세요.

문제 2

답을 쓰세요.

[이 책의 고양이들을 만나 보세요]

호프

안녕하세요? 이 책을 쓴 켈리라고 해요.

저는 수학을 가르치는 일을 하면서 실제로 고양이를 기른답니다. 이 책은 여러분이 그림, 규칙, 퍼즐, 게임 등으로 수학을 재미있게 배울 수 있도록 만들었어요.

플로시

호프, 플로시, 밀리, 새미, 모찌, 지미, 핍을 만나 보세요.

이 페이지에 있는 고양이들은 모두 버려졌다 구조되었어요. 저는 이 고양이들을 여러분이 한 손으로 쥘 수 있는 작은 솜털 공 만할 때부터 키웠지요.

이 사랑스러운 아기 고양이의 사진들은 이 책 곳곳에 등장한답니다.(여러 번 나오는 고양이도 있어요!) 모두 다 찾을 수 있나요?

지미

이 책을 다 했다면…

1. 6쪽의 '온라인 보너스 패키지'에서 재미있는 활동을 해 보세요.
2. 다른 친구들에게 이 책에 대해 알려 주세요.
3. 다음 페이지에 있는 수료증에 이름을 쓰세요!

밀리

그럼, 또 만나요!

새미

모찌

밀리

지미

핍

새미

고양이 수학 Ⓐ

수료증

은(는) 고양이들과 함께 재미있게

수학 공부를 마쳤으므로 이 수료증을 수여합니다.

년   월   일

해 답

12-13쪽

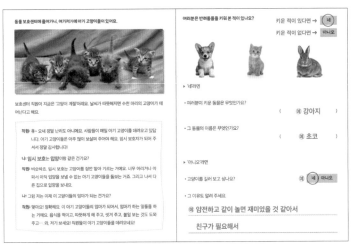

14-15쪽

16-17쪽

18-19쪽

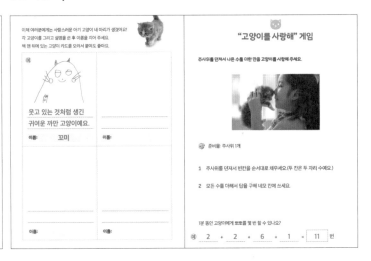

20-21쪽

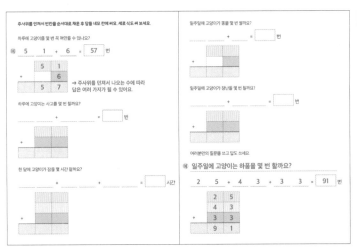

22-23쪽

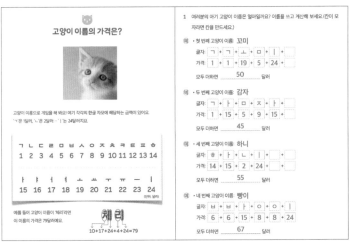

24-25쪽

2 네 마리 고양이의 이름을 모두 더하면 얼마인가요? **예** 217 달러

3 100달러에 가장 가까운 고양이는 누구인가요? **예** 뺑이
→ 어떤 이름은 정확히 100달러가 될 수도 있어요.

4 여러분의 성은 얼마인가요? 강
예 글자: ㄱ + ㅏ + ㅇ
가격: 1 + 15 + 8
모두 더하면 24 달러

5 여러분의 이름은 얼마인가요? 세아
예 글자: ㅅ + ㅔ + ㅇ + ㅏ
가격: 7 + 17 + 24 + 8 + 15
모두 더하면 71 달러

6 여러분 가족 중 한 사람의 성과 이름은 얼마인가요? 고민정
예 글자: ㄱ + ㅗ + ㅁ + ㅣ + ㄴ + ㅈ + ㅓ + ㅇ
가격: 1 + 19 + 5 + 2 + 9 + 1 + 7 + 8
모두 더하면 85 달러

7 여러분이 생각할 수 있는 가장 비싼 두 글자 이름은 무엇인가요? **예** 헹헹
그 이름은 얼마인가요? 126 달러
→ 창의적으로 생각해 보세요!

한글 자모의 가격을 여러분 마음대로 바꾸어 보세요.

ㄱ ㄴ ㄷ ㄹ ㅁ ㅂ ㅅ ㅇ ㅈ ㅊ ㅋ ㅌ ㅍ ㅎ
ㅏ ㅑ ㅓ ㅕ ㅗ ㅛ ㅜ ㅠ ㅡ ㅣ
→ 어떤 이름은 정확히 100달러가 될 수도 있어요.

1 여러분의 아기 고양이 이름은 얼마일까요? 이름을 쓰고 계산해 보세요. (칸이 모자라면 칸을 더하세요)
· 첫 번째 고양이 이름:
글자:
가격:
모두 더하면 달러
→ 여러분 마음대로 가격을 정한 다음 정확히 계산해 보세요.

· 두 번째 고양이 이름:
글자:
가격:
모두 더하면 달러

26-27쪽

· 세 번째 고양이 이름
글자:
가격:
모두 더하면 달러

· 네 번째 고양이 이름
글자:
가격:
모두 더하면 달러

2 네 마리 고양이의 이름을 모두 더하면 얼마인가요? 달러

3 100달러에 가장 가까운 고양이는 누구인가요?

4 여러분의 성은 얼마인가요?
글자:
가격:
모두 더하면 달러

5 여러분의 이름은 얼마인가요?
글자:
가격:
모두 더하면 달러

6 여러분 가족 중 한 사람의 성과 이름은 얼마인가요?
글자:
가격:
모두 더하면 달러

7 여러분이 생각할 수 있는 가장 비싼 두 글자 이름은 무엇인가요?
그 이름은 얼마인가요? 달러
→ 25쪽을 보고 잘 계산해 보세요.

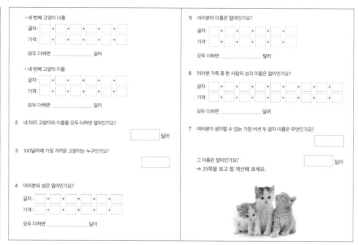

30-31쪽

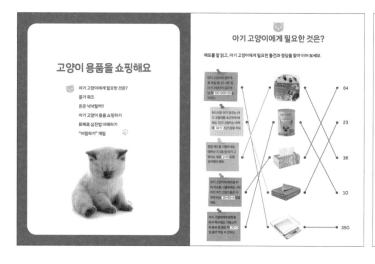

고양이 용품을 쇼핑해요

아기 고양이에게 필요한 것은?
응가 퀴즈
돈은 넉넉할까?
아기 고양이 용품을 쇼핑하기
회폐로 십진법 이해하기
"어림하기" 게임

아기 고양이에게 필요한 것은?

메모를 잘 읽고, 아기 고양이에게 필요한 물건과 정답을 찾아 이어 보세요.

84
23
38
10
350

32-33쪽

응가 퀴즈

작은 아기 고양이들은 스스로 똥을 쌀 수 없어요. 아기 고양이에게 친짜 엄마가 있었다면, 엄마가 엉덩이를 핥아서 똥이 나오게 해 주었을 거예요. 하지만 지금은 여러분이 이 아기 고양이들의 엄마예요!

아기 고양이들이 오줌과 똥을 잘 쌀 수 있도록, 여러분이 몇 시간마다 고양이들의 엉덩이를 티슈나 물수건으로 닦아 주어야 해요. 아기 고양이들이 지저분해지기 전에 닦이죠!

지저분함의 3단계와 각각을 치우는 데 필요한 용품의 개수예요.

레벨1	오줌	티슈 3장, 물티슈 1장
레벨2	작은똥	티슈 3장, 물티슈 2장
레벨3	크고지저분한똥	티슈 3장, 물티슈 4장, 세면대에서 엉덩이를 닦을 때는 수건 1장

위 표를 보고, 각각 필요한 개수를 써 보세요.

	티슈	물티슈	수건
오줌	3	1	0
작은똥	3	2	0
큰똥	3	4	1

만약 아기 고양이 팅클이 하루에 오줌을 6번 누고, 작은 똥을 1개 싸고 크고 지저분한 똥을 1개 쌌다면, 팅클은 하루 동안 티슈, 물티슈, 수건을 얼마나 썼을까요?

	팅클	티슈	물티슈	수건
오줌	6 번	18	6	0
작은똥	1 번	3	2	0
큰똥	1 번	3	4	1
합계	8 번	24	12	1

티슈 24 장, 물티슈 12 장, 수건 1 장을 썼어요.

오늘 여러분의 네 마리 아기 고양이들이 모두 팅클처럼 오줌을 싸고 똥을 누었어요.

	티슈	물티슈	수건
팅클	24 장	12 장	1 장
	2 4	1 2	1
고양이 4마리	× 4	× 4	× 4
	9 6	4 8	4

그렇다면 여러분은 티슈 96 장, 물티슈 48 장, 수건 4 장을 써야 해요.

34-35쪽

아기 고양이를 닦아 줄 때는 아기용 물과 얇고 부드러운 수건을 사용하면 좋아요. 네 마리의 아기 고양이를 키울 때 이 수건이 하루에 모두 몇 장 필요할까요?

고양이들이 그 위에 오줌이나 똥을 싸는 데 10장
엉덩이를 닦아 준 후 말리는 데 8장
잠발음으로 우유를 먹이다가 흘린 것을 닦는 데 5장
지저분해진 물티랑이를 닦는 데 3장

식: 10+8+5+3=26
26 장

일주일 동안 총 몇 장의 수건을 빨아야 할지 알아보세요.
만약 수건이 4장밖에 없고, 한번에 4장씩 빤다면?

일주일에 빨래를 6 번을 해야 해요. 처음 수건은 빨지 않고 바로 사용하니까요.

만약 수건이 7장 있고, 한번에 7장씩 빤다면?

일주일에 빨래를 3 번을 해야 해요.

아기 고양이에게 필요한 물건을 쇼핑하러 갈 때, 수건을 몇 장 사는 게 좋을까요?
→ 여러분의 생각을 자유롭게 쓰세요. **예** 13 장

이유가 무엇인가요? **예** 빨래를 자주 하기 힘들기 때문에 한 번만 빨면 되니까

돈은 넉넉할까?

아기 고양이들을 위해 쇼핑하러 갈 시간이 다가오고 있어요.
그 전에, 알아 두면 계산할 때 편리한 방법을 알아보세요.

4.90달러는 5.00달러에 가까워요. 이렇게 더하기 쉽도록 5달러로 반올림할 수 있어요. 아주 정확한 금액이 필요한 게 아니라면, 이렇게 어림을 해서 계산하기 쉬운 수로 바꾸면 편해요.

9.97달러는 약 10 달러
19.97달러는 약 20 달러
15.03달러는 약 15 달러
더 작은 수로 반올림할 수도 있어요.

수를 수직선에 표시한 후, 1달러 단위로 반올림해 보세요.
14.99 달러 → 15 달러

9.50 달러 → 10 달러

36-37쪽

19.15 달러 → 19 달러

8.99 달러 → 9 달러

13.47 달러 → 13 달러

7.30 달러 → 7 달러

5.95 달러 → 6 달러

17.90 달러 → 18 달러

왜 많은 물건 가격이 0.99로 끝날까요?
예 14.99달러는 15달러보다 단지 0.01달러 싼 것인데 15달러보다 훨씬 싼 것처럼 보이기 때문에

아기 고양이 용품 쇼핑하기

다음 장으로 넘기면 고양이 용품 가게의 카탈로그가 있어요. 아기 고양이들에게 필요한 물건을 골라, 아래 표에 각 물건의 이름과 가격, 총 금액을 적으세요.

여러분이 가진 돈은 250달러예요. 가능한 한 전부 사용하세요! 부록 75쪽의 소수 계산용 모눈을 활용하세요! 계산하세요.

(단위: 달러)

물건 이름	가격	개수	금액
예 부드러운 수건 세트	9.99	4	39.96
			합계

→ 물건을 신중하게 고르고 정확히 계산해 보세요. 물건을 고른 이유도 잘 설명해 보세요. 계산이 힘들어도 아기 고양이들을 생각하며 힘을 내세요! 칸이 모자라면 더 그리세요.

왜 이 물건을 골랐나요?
예 수건을 일주일에 한 번만 빨고 싶어서 28장 샀다.

71

40-41쪽

화폐로 십진법 이해하기

'6달러 17센트'는 6.17달러라고 쓸 수 있어요.
십진법을 생각해서 6.17이 무슨 뜻일까요?

미국의 화폐 단위에는 달러, 다임, 센트 등이 있어요.

| 1달러 | = | 10다임 | = | 100센트 |

1센트가 10개 있으면 1다임이에요.
1다임이 10개 있으면 1달러예요.
1센트가 100개 있으면 1달러예요.

십진법을 이용하여 달러, 다임, 센트를 각각 다음과 같은 자리에 써요.

달러	다임	센트
소수점		
일의 자리	0.1의 자리	0.01의 자리

6.17달러는 6달러, 1다임, 그리고 7센트와 같아요.
4.35달러는 4달러, 3다임, 그리고 5센트와 같아요.
0.59달러는 0달러, 5다임, 그리고 9센트와 같아요.
1.02달러는 1달러, 0다임, 그리고 2센트와 같아요.

5.24달러도 __5__ 달러, __2__ 다임, __4__ 센트를 나타내요.

9.4달러도 __9__ 달러, __4__ 다임, __0__ 센트를 나타내요.

9.40달러도 __9__ 달러, __4__ 다임, __0__ 센트를 나타내요.

잠깐! 여기서 눈치챘나요?

만약 "13.5랑 13.50은 똑같아."라고 말하는 친구가 있다면, 이 말은 맞을까요, 틀릴까요?

(맞다!) 틀리다

그 이유는 무엇인가요?

__13.5달러는 13달러 5다임이고 13.50달러도 13달러 5다임__
__이기 때문에__

이번에는 몸무게가 더 많이 나가는 고양이를 찾아보세요.
(1온스는 약 28.3그램이랍니다.)

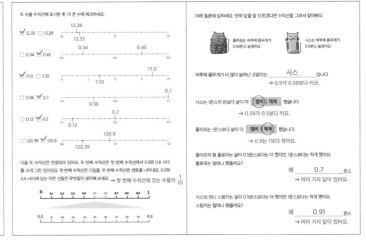
15.3온스 (○)   15.18온스 (□)

42-43쪽

두 수를 수직선에 표시한 후, 더 큰 수에 체크하세요.

✓ 12.33 □ 12.29

□ 0.34 ✓ 0.45

✓ 17.0 □ 7.10

□ 0.56 □ 0.7

□ 0.12 ✓ 0.2

□ 120.39 ✓ 120.9

다음 두 수직선은 연결되어 있어요. 두 번째 수직선은 첫 번째 수직선에서 0.5와 0.6 사이를 크게 그린 것이에요. 첫 번째 수직선은 다임, 두 번째 수직선은 센트를 나타내요. 0.5와 0.6 사이에 있는 작은 선들을 무엇일지 생각해 보세요. → 첫 번째 수직선에 있는 수들의 $\frac{1}{10}$

아래 질문에 답하세요. 만약 답을 잘 모르겠다면 수직선을 그려서 알아봐요.

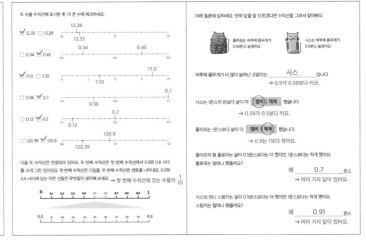
플러프는 하루에 몸무게가 0.5온스 늘어났어요.   사스는 하루에 몸무게가 0.9온스 늘어났어요.

하루에 몸무게가 더 많이 늘어난 고양이는 __사스__ 입니다.
→ 0.9가 0.59보다 커요.

사스는 1온스의 반보다 (많이) 적게 쪘습니다.
→ 0.59가 0.5보다 커요.

플러프는 1온스보다 더 많이 (적게) 쪘습니다.
→ 0.9는 1보다 작아요.

플러프의 형 플로피는 살이 0.5온스보다는 더 쪘지만, 1온스보다는 적게 쪘어요.
플로피는 얼마나 쪘을까요?
(예) __0.7__ 온스
→ 여러 가지 답이 있어요.

사스의 언니 스웨키는 살이 0.9온스보다는 더 쪘지만 1온스보다는 적게 쪘어요.
스웨키는 얼마나 쪘을까요?
(예) __0.91__ 온스
→ 여러 가지 답이 있어요.

46-47쪽

아기 고양이는 하루에 몇 번 먹을까?

"엄마, 고양이들이 또 배고파 해요. 고양이는 하루에 밥을 몇 번 먹는 거예요?"
엄마도 잘 모르시나 봐요. 보호센터 직원 애나벨에게 이메일을 보냈더니 답장이 왔어요.

받는사람: 아기 고양이 주인
제목: 답장! 고양이에 대한 질문이 있어요.
보내는사람: 애나벨

안녕하세요! 우리 고양이들에게 하루에 우유를 몇 번 먹여야 하는지 알려주실 수 있나요? 저도 잘 모르겠고 엄마도 정확히 모르시는 것 같아요. 감사합니다.

좋은 질문이에요!
3주 된 아기 고양이는 4시간마다 먹어야 해요. 한밤중에도요.(아마 보내신 분이 가족들과 같이 해야 할 거예요.)
아기 고양이의 배는 아주 작아서 하루에 여러 번을 먹어야 한답니다. 제때 먹이지 않으면 고양이 몸무게가 줄어들고, 아기 고양이의 건강이 매우 위험해질 거예요.
고양이들은 자라면서 한 끼에 먹는 양이 많아져요. 그 때는 이렇게 자주 밥을 주지 않아도 돼요.
먹이 주기에 도움이 될 표를 같이 보내 드릴게요. 행운을 빌어요. 또 궁금한 게 있으시면 언제든지 연락하세요.
- 애나벨

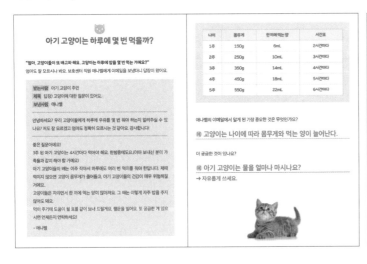

나이	몸무게	한 끼에 먹는 양	시간표
1주	150g	6mL	2시간마다
2주	250g	10mL	3시간마다
3주	350g	14mL	4시간마다
4주	450g	18mL	5시간마다
5주	550g	22mL	6시간마다

애나벨의 이메일에서 알게 된 가장 중요한 것은 무엇인가요?

(예) 고양이는 나이에 따라 몸무게와 먹는 양이 늘어난다.

더 궁금한 것이 있나요?

(예) 아기 고양이는 물을 얼마나 마시나요?
→ 자유롭게 쓰세요.

48-49쪽

애나벨이 보내 준 표를 더 자세히 볼까요?

나이	몸무게	한 끼에 먹는 양	시간표
1주	150g	6mL	2시간마다
2주	250g	10mL	3시간마다
3주	350g	14mL	4시간마다
4주	450g	18mL	5시간마다
5주	550g	22mL	6시간마다

3주 된 아기 고양이는 얼마나 자주 먹이를 먹나요?
__4__ 시간마다

3주 된 아기 고양이는 한 끼에 얼만큼 먹나요?
__14__ mL

3주 된 아기 고양이는 하루에 몇 번 먹이를 먹나요?
(힌트: 하루는 24시간이에요.)
__6__ 번

'mL'는 어떻게 읽을까요?
□ 밀리페드 □ 밀리오네어 □ 밀크셰이크 ✓ 밀리리터

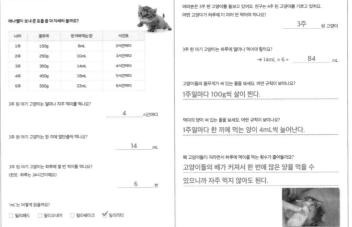

여러분은 3주 된 고양이를 돌보고 있어요. 친구는 4주 된 고양이를 기르고 있어요. 어떤 고양이가 하루에 더 여러 번 먹어야 하나요?
__3주__ 된 고양이

3주 된 아기 고양이는 하루에 얼마나 먹어야 할까요?
→ 14mL × 6 = __84__ mL

고양이들의 몸무게가 써 있는 줄을 보세요. 어떤 규칙이 보이나요?
__1주일마다 100g씩 살이 찐다.__

먹이의 양이 써 있는 줄을 보세요. 어떤 규칙이 보이나요?
__1주일마다 한 끼에 먹는 양이 4mL씩 늘어난다.__

왜 고양이들이 자라면 하루에 먹이를 먹는 횟수가 줄어들까요?
__고양이들의 배가 커져서 한 번에 많은 양을 먹을 수__
__있으니까 자주 먹지 않아도 된다.__

50-51쪽

먹이 시간표 짜기

먹이 시간표는 여러분이 아기 고양이에게 하루에 몇 번 먹이를 주어야 하는지 알려 주는 표예요. 고양이는 자랄수록 하루에 먹는 횟수가 줄어들고, 한번에 먹는 양은 늘어져요.

질문에 답하고 아래의 먹이 시간표를 만들어 보세요.

1 여러분은 아침 몇 시에 일어나요? (예) __7__ 시

2 아래 표의 제일 첫 줄에 여러분이 일어나는 시각을 쓰세요. 그리고 나서 그 때부터 먹이 주는 시각을 정해 보세요.

3 여러분이 학교에 있거나 잠을 잘 때는 누가 고양이들에게 먹이를 주어야 할지 생각해 보고, 표에 쓰세요.

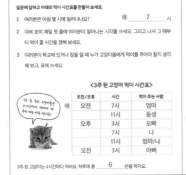

<3주 된 고양이 먹이 시간표>

오전/오후	시간	먹이 주는 사람
오전	7시	엄마
	11시	동생
오후	3시	오빠
	7시	나
	11시	엄마/나
오전	3시	아빠

3주 된 고양이는 4시간마다 먹어요. 하루에 총 __6__ 번을 먹지요.

<4주 된 고양이 먹이 시간표>

오전/오후	시간	먹이 주는 사람
(예) 오전	7시	나
오후	12시	엄마
오후	5시	나
오후	10시	형
오전	3시	아빠

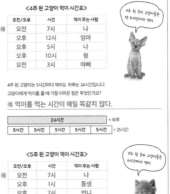
4주 된 우리 고양이는 약 5시간마다 먹어.

4주 된 고양이는 5시간마다 먹어요. 하루는 24시간이에요.
고양이에게 먹이를 줄 때 가장 어려운 점은 무엇이었나요?
(예) 먹이를 먹는 시간이 매일 똑같지 않다.

| 24시간 | | | | | = 하루 |
| 5시간 | 5시간 | 5시간 | 5시간 | 5시간 | = 25시간 |

<5주 된 고양이 먹이 시간표>

오전/오후	시간	먹이 주는 사람
(예) 오전	7시	나
오후	1시	동생
오후	7시	언니
오전	1시	엄마

5주 된 우리 고양이는 6시간마다 먹어.

5주 된 고양이는 하루에 총 __4__ 번 먹어요.

52-53쪽

3주 된 고양이에게 먹이를 주는 시간은 매일 똑같은가요?
똑같다 | (다르다)

4주 된 고양이에게 월요일 오전 7시에 밥을 주었어요. 1주 간의 먹이 시간표를 써 보세요.

요일	월	화	수	목	금	토	일
시각	오전 7시	오전 3시	오전 4시	오전 12시	오전 1시	오전 2시	오전 3시
	오후 12시	오전 8시	오전 9시	오전 5시	오전 6시	(오전 7시)	오전 8시
	오후 5시	오후 1시	오전 2시	오전 10시	오전 11시	오후 12시	오후 1시
	오후 10시	오후 6시	오후 7시	오후 3시	오후 4시	오후 5시	오후 6시
	오후 11시	오후 8시	오후 9시	오후 10시	오후 11시		

다시 오전 7시에 먹이를 주게 되는 날은 언제인가요?
__토__ 요일

고양이 먹이 주기 퀴즈

1주 된 아기 고양이는 2시간마다 먹습니다.
플러리누르가 오후 5시에 먹으면 오후 __7__ 시와
오후 __9__ 시에도 먹이를 먹어요.

2주 된 아기 고양이는 3시간마다 먹습니다.
세미가 오후 12시에 먹었다면 오후 __3__ 시와
오후 __6__ 시에 또 먹어야 해요.

3주 된 아기 고양이는 4시간마다 먹습니다.
밀리가 아침 9시에 먹으면 오후 __1__ 시와
오후 __5__ 시에 밥이 필요할 거예요.

생후 4주 된 고양이는 5시간마다 먹습니다.
젤리반이 오후 3시에 먹으면 오후 __8__ 시와
오전 __1__ 시에 또 먹어야 해요.

40-41쪽

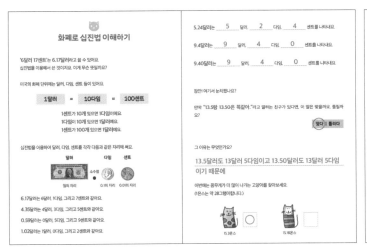

58-59쪽

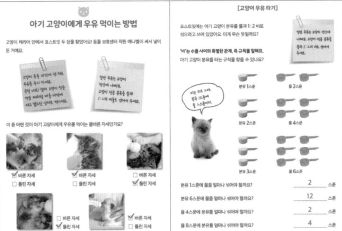

60-61쪽

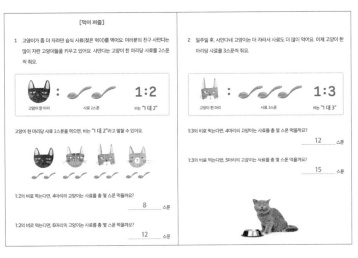

62-63쪽

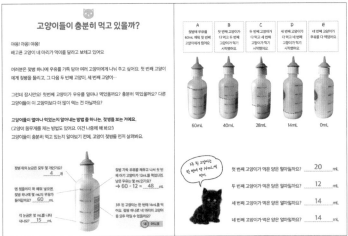

64-65쪽

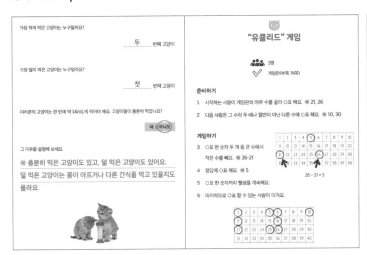

66-67쪽

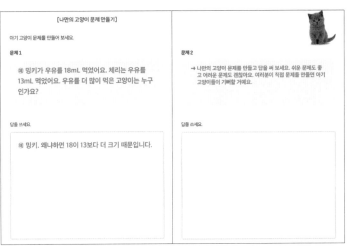

부록

책에서 복사하거나 6쪽 QR코드의 링크에서 인쇄해서 사용하세요.

[크로스 아웃 싱글 게임판]

[소수 계산용 표]

[어림하기 게임판]

1	2	3	4	5	6	7
11	12	13	14	15	16	17
21	22	23	24	25	26	27
31	32	33	34	35	36	37
41	42	43	44	45	46	47
51	52	53	54	55	56	57
61	62	63	64	65	66	67
71	72	73	74	75	76	77

[단축 수업 게임판]

숫자	×10	시간
		9:00

숫자	×10	시간
		9:00

[유클리드 게임판]

1	2	3	4	5	6	7	8	9	10
11	12	13	14	15	16	17	18	19	20
21	22	23	24	25	26	27	28	29	30
31	32	33	34	35	36	37	38	39	40
41	42	43	44	45	46	47	48	49	50
51	52	53	54	55	56	57	58	59	60
61	62	63	64	65	66	67	68	69	70
71	72	73	74	75	76	77	78	79	80
81	82	83	84	85	86	87	88	89	90
91	92	93	94	95	96	97	98	99	100

나만의 고양이 카드

내가 키운 고양이를 오려 뒷면에 고양이 이름을 쓴 다음 가지고 다녀요.